建筑构造

中国建设教育协会　组织

朱晓菲　　邢　燕　主编

吕大为　郭　猛　刘会晓　副主编

张　砥　黄　伟　杨东旭　参　编

中国建筑工业出版社

图书在版编目（CIP）数据

建筑构造/朱晓菲，邢燕主编. —北京：中国建筑工业出版社，2012.5

　　ISBN 978-7-112-14124-1

　　Ⅰ.①建…　Ⅱ.①朱…②邢…　Ⅲ.①建筑构造　Ⅳ.①TU22

中国版本图书馆CIP数据核字（2012）第041999号

建筑构造

中国建设教育协会　组织
朱晓菲　　邢　燕　主编
吕大为　郭　猛　刘会晓　副主编
张　砥　黄　伟　杨东旭　参　编

*

中国建筑工业出版社出版、发行（北京西郊百万庄）
各地新华书店、建筑书店经销
北 京 嘉 泰 利 德 公 司 制 版
北京方嘉彩色印刷有限责任公司印刷

*

开本：880×1230毫米　横1/24　印张：1½　字数：44千字
2012年5月第一版　2014年6月第三次印刷
定价：80.00元（含课件光盘）
ISBN 978-7-112-14124-1
　　　（22164）

前　言

本多媒体教材是为高等院校"建筑构造"课程编制的集多媒体电子教案、PPT 课件、演示动画、学生自测题、建筑构造设计题目和建筑构造设计资料等为一体的教学光盘。

"建筑构造"是研究建筑物组成与构件的学科，是建筑学、城市规划专业以及其他相关专业的一门重要的专业基础课。它是一门综合性和实践性较强的工程技术学科，涉及建筑材料、建筑物理、建筑力学、建筑结构、建筑施工以及建筑技术经济等有关方面的知识，是建筑设计不可分割的一部分。

目前，由于受到教学条件的限制，仅凭教师一张嘴、两只手很难把本应形象具体生动的构造节点描述清楚。例如，在讲述"屋顶构造"时，虽然教材上有不少例图，对于有一定现场经验的人而言不难理解，但对于没下过工地、生活中也很少上到屋顶，即使上到屋顶也很少注意到排水、保温、隔热等构造的学生来说，仅凭那些黑白线条图、文字加上教师的口头讲述很难弄清其构造做法，往往是书背得熟，一到设计，就问题一大堆，更谈不上创造新的构造形式。而此时，若能带学生到现场上亲眼看看，或展示一些工地照片，或以动画演示屋顶的生成过程以及其构造组成，那么效果将会大不一样。

同时，教学中还存在着学生在课堂上被动接受知识与课下自学不同步的情况，学生仅仅依靠老师的课件来自学与复习往往达不到教学的最佳效果。

为了改善上述状况，编者结合多年讲授"建筑构造"课程的教学实践经验，借助现代教育技术手段，运用 Authorware、Powerpoint、Photoshop 和 Flash 等软件相结合的手段编制成了《建筑构造》数字化课件光盘。

本课件光盘的内容包括课程介绍、课程特色、课件与教案、互动教学、立体化教学资源五大模块。在"课件与教案"中包括授课的文本教案和授课课件 PPT 两部分，课件以大量性民用建筑构造为主要内容。在"互动教学"中包括学生自测题和构造设计题目两大部分，这有助于学生提高自学和复习的能力。在"立体化教学资源"中包括动画视频演示、建筑设计规范和参考文献三个部分。动画视频演示利用 CAD、Flash 等软件，将重要的、较难理解的构件详图，从不同角度表达它的构造层次，详细展示它的各种构造特点。

《建筑构造》数字化课件光盘不是惟技术而技术，也不是从看书到看电脑，它是一种模式、一种理念、一个动态的学习平台，它使传统的教学模式向动态的、及时的交互学习模式转变。

本课件光盘内容全面、讲解清晰、实例丰富、动画生动、演示流畅，既有利于教师授课又便于学生自学。经编者和同仁实践使用，获得了良好的教学效果。

本课件光盘按照 48 学时安排讲授，各章节授课学时可参考附表分配。

本课件光盘可以广泛应用于普通高等院校本专科的建筑学、城市规划等专业的教学和学生自学，也可供专业培训及相关人员参考使用。

本课件光盘由河南城建学院朱晓菲、邢燕老师主编，参加编创的还有河南城建学院吕大为、郭猛、刘会晓、张砥、黄伟、杨东旭六位老师。

本课件光盘在编制过程中，参阅的相关书籍和文献列于参考文献中，在此向相关作者表示衷心的感谢！

附表：《建筑构造》课件光盘授课章节目录及学时分配表

章节	教学内容	学时安排	学生设计作业题目	备注 （必读书和参考书）
1	1 绪论	2	外墙身设计	1.《建筑构造（第四版）》李必瑜主编，中国建筑工业出版社； 2.《建筑构造原理与设计》樊振和主编，天津大学出版社； 3. 建筑构造资料集； 4. 建筑构造图集
2	2-1 墙体类型及设计要求；2-2 块材墙构造；2-3 隔墙构造	10		
3	3-1 概述；3-2 钢筋混凝土楼板；3-3 地坪层构造；3-4 阳台及雨篷	6		
4	4-1 概述；4-2 建筑物主要部位的饰面装修	2	楼梯构造设计	
5	5-1 楼梯的组成、形式、尺度；5-2 预制装配式钢筋混凝土楼梯构造；5-3 现浇整体式钢筋混凝土楼梯构造；5-4 踏步和栏杆扶手构造；5-5 室外台阶与坡道；5-6 电梯与自动扶梯	10		
6	6-1 屋顶的形式及设计要求；6-2 屋顶的排水；6-3 卷材防水屋面；6-4 刚性防水屋面；6-5 涂膜防水屋面；6-6 瓦屋面；6-7 屋顶的保温和隔热	10	屋顶排水组织设计	
7	7 门和窗	4		
8	8-1 地基与基础的基本概念；8-2 常用刚性基础构造；8-3 基础沉降缝构造	4		

目　录

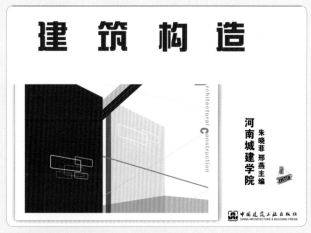

首页

目录页

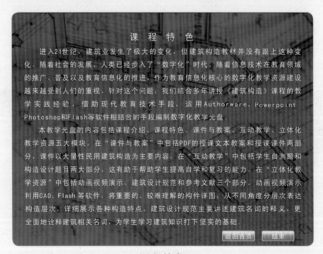

课 程 简 介

　　建筑构造是建筑学、城市规划专业以及其他相关专业的一门重要的专业基础课，是研究建筑物的构成及各组成部分的组合原理、构造方法的综合性课程。主要任务是根据建筑物的使用功能、技术经济和艺术造型要求提供合理的构造方案，作为建筑设计的依据。它是一门综合性和实践性较强的工程技术学科，涉及建筑材料、建筑物理、建筑力学、建筑结构、建筑施工以及建筑技术经济等有关方面的知识，是建筑设计不可分割的一部分。在建筑设计过程中综合考虑使用功能、艺术造型、技术经济等诸多方面的因素，并运用物质技术手段，适当地选择并正确地决定建筑的构造方案和构配件组成以及进行细部节点构造处理等。

　　本教学光盘内容选用的是由李必瑜、魏宏杨教授主编的《建筑构造（上）》教材，以大量性民用建筑构造为主要内容，包括绪论、墙体、楼板、装修、楼梯、屋顶、门窗、基础等八个部分。在本电子教材中教学内容根据现行规范与技术发展特点，在教学过程中对各部分的内容体系进行实时调整、补充、完善成《建筑构造》教学的内容。作为建筑设计技术专业必修专业课，在保证体系的完整性与科学性的基础上，以当前具有代表性和适用性的知识内容为改革的重点，突出知识信息的新颖性，及时引入新的技术成果，反映教学的先进性。

返回首页　结束

课程简介

课 程 特 色

　　进入21世纪，建筑业发生了极大的变化，但建筑构造教材并没有跟上这种变化。随着社会的发展，人类已经步入了"数字化"时代。随着信息技术在教育领域的推广、普及以及教育信息化的推进，作为教育信息化核心的数字化教学资源建设越来越受到人们的重视。针对这个问题，我们结合多年讲授《建筑构造》课程的教学实践经验，借助现代教育技术手段，运用Authorware、Powerpoint、Photoshop和Flash等软件相结合的手段编制数字化教学光盘。

　　本教学光盘的内容包括课程介绍、课程特色、课件与教案、互动教学、立体化教学资源五大模块。在"课件与教案"中包括PDF的授课文本教案和授课课件两部分，课件以大量性民用建筑构造为主要内容。在"互动教学"中包括学生自测题和构造设计题目两大部分，这有助于帮助学生提高自学和复习的能力。在"立体化教学资源"中包括动画视频演示、建筑设计规范和参考文献三个部分。动画视频演示利用CAD、Flash等软件，将重要的、较难理解的构件详图，从不同角度分层次表达构造层次，详细展示各种构造特点。建筑设计规范主要讲述建筑名词的释义，更全面地诠释建筑相关名词，为学生学习建筑知识打下坚实的基础。

返回首页　结束

课程特色

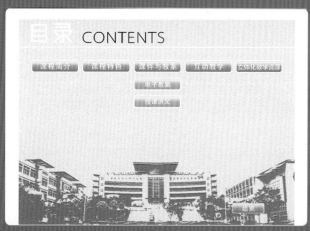

"课件与教案"的子目录

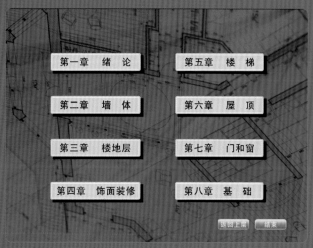

"电子教案"及"授课讲义"的章节目录

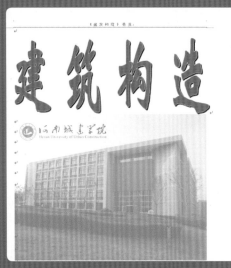

"电子教案"第一章

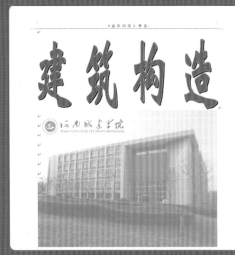

"电子教案"第二章

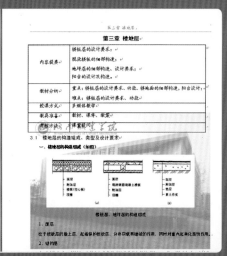

"电子教案"第三章

"电子教案"第四章

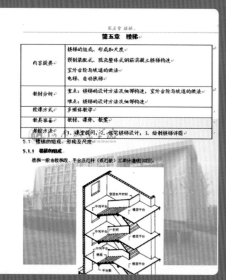

"电子教案"第五章

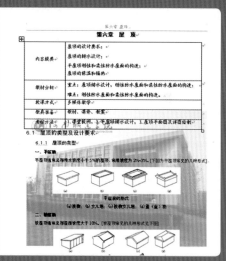

"电子教案"第六章

"电子教案"第七章

"电子教案"第八章

"授课讲义"第一章 绪论

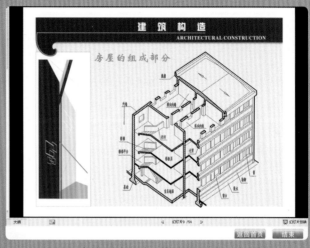

三维图形表示房屋的主要组成部分

第二章 墙体

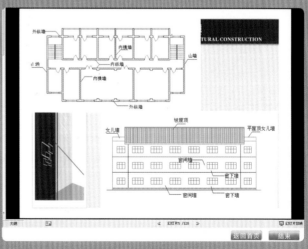

以 CAD 图示例墙体各部分的名称

工程实例图片展示墙身的构造

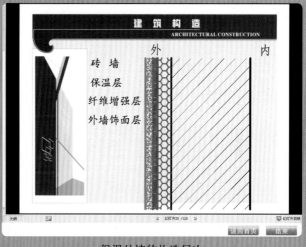

保温外墙的构造层次

砌块图片

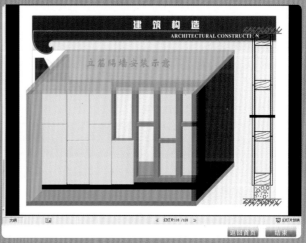

动画演示立筋隔墙的安装示意图

第三章　楼地层

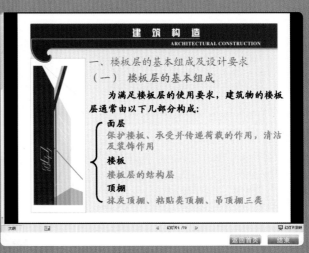

楼板层的构造组成

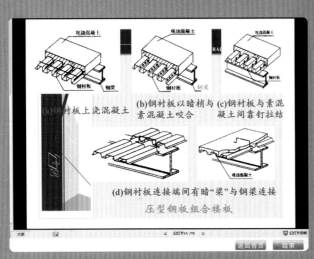

图片展示不同形式的压型钢板组合楼板

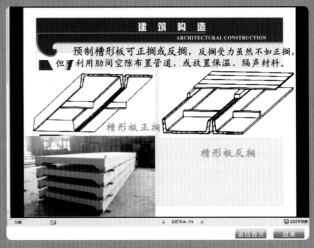

照片和施工图相结合

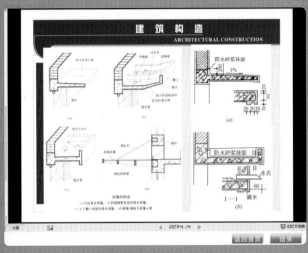

多种雨篷形式的构造图例

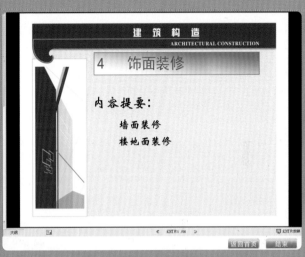

第四章　饰面装修

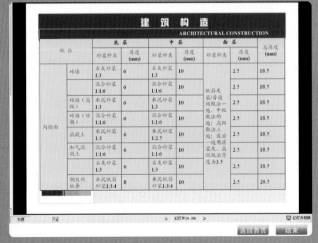

图表形式表现饰面做法

教室图片说明直接式顶棚的做法

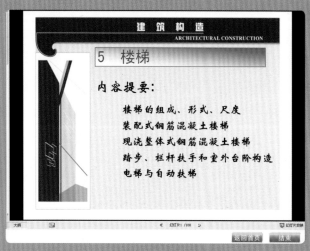

第五章　楼梯

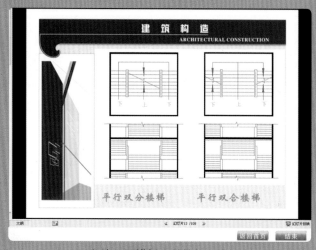

以施工图讲授多种楼梯形式

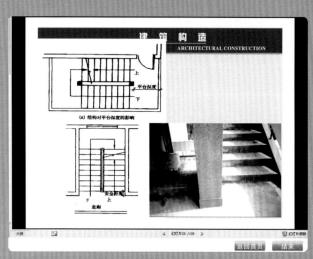

施工图例和照片结合

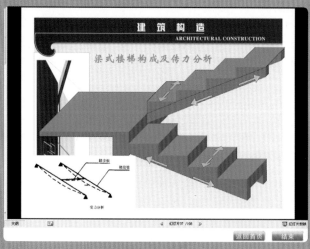

三维图表述楼梯传力途径

建筑实例照片表述墙承式楼梯

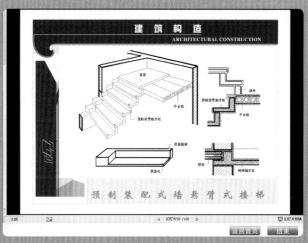

三维、二维图例相结合

第六章　屋顶

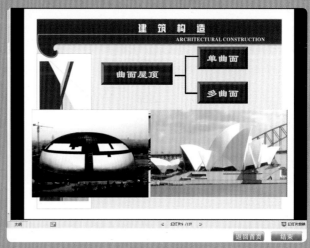

大量图片给人以直观认识

021

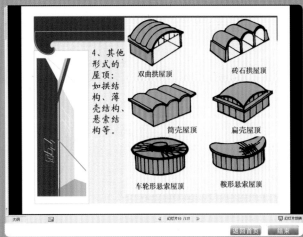

其他形式的屋顶

图表示意不同的防水层材料

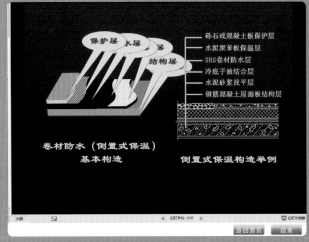

分层次动画展示屋顶构造做法

建筑实例照片表述泛水做法

第七章　门和窗

图文结合说明门的构造

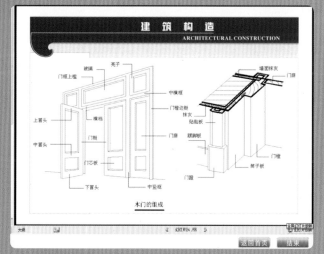
门的构造组成图

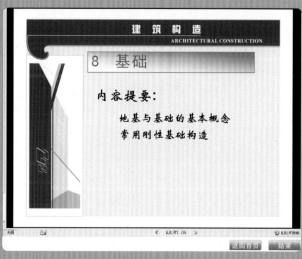
第八章　基础

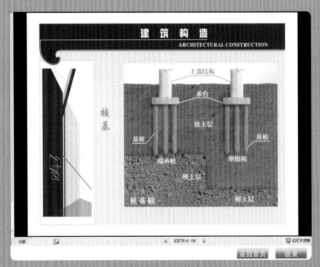

以图示例桩基下方的各土层

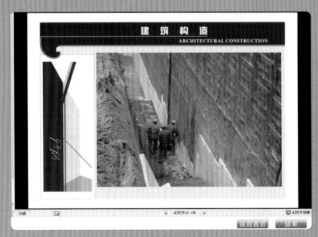

施工照片

"互动教学"子目录

"自测题"目录

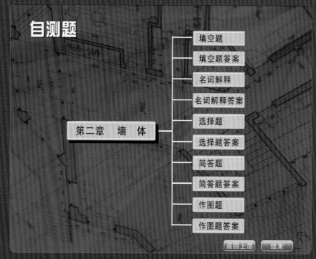

自测题

填空题
填空题答案
名词解释
名词解释答案
选择题
选择题答案
简答题
简答题答案
作图题
作图题答案

第二章 墙体

返回上层　结束

自测题题型及答案

填空题

1. 墙体按其施工方法不同可分为 ＿＿＿、＿＿＿、＿＿＿ 三种.
2. 我国标准黏土砖的规格为 ＿＿＿.
3. 砂浆种类有 ＿＿＿、＿＿＿、＿＿＿ 和黏土砂浆等, 其中潮湿环境下砌体采用的砂浆为 ＿＿＿, 广泛用于民用建筑的地上砌筑的砂浆是 ＿＿＿.
4. 墙体的承重方案有 ＿＿＿、＿＿＿ 和 ＿＿＿ 墙柱混合承重等.
5. 散水的宽度一般为 ＿＿＿, 当屋面为自由落水时, 应比屋檐挑出宽度大 ＿＿＿.
6. 当墙身两侧室内地面标高有高差时, 为避免墙身受潮, 常在室内地面处设 ＿＿＿, 并在靠土壤的垂直墙面设 ＿＿＿.
7. 常用的过梁构造形式有 ＿＿＿、＿＿＿、＿＿＿ 三种.
8. 混凝土圈梁宽度宜与应与 ＿＿＿ 相同, 高度不小于 ＿＿＿, 且应与砖模相协调, 混凝土强度等级不低于 ＿＿＿.
9. 墙体的三种变形缝为 ＿＿＿、＿＿＿ 和 ＿＿＿.
10. 隔墙按其构造方式不同常分为 ＿＿＿、＿＿＿ 和 ＿＿＿.
11. 按材料及施工方式不同分类, 墙面装饰可分为 ＿＿＿、＿＿＿、＿＿＿、＿＿＿ 和 ＿＿＿ 五大类.
12. 抹灰类装饰按照建筑标准分为三个等级即 ＿＿＿、＿＿＿ 和 ＿＿＿.
13. 涂料按成膜物不同可分为 ＿＿＿ 和 ＿＿＿ 两大类.
14. 在墙承重的房屋中, 墙既是承重结构, 又是 ＿＿＿ 构件.
15. 圈梁由钢筋混凝土和 ＿＿＿ 圈梁.
16. 钢筋混凝土过梁搭入洞口两侧墙内长度应不小于 ＿＿＿ mm.
17. 钢筋砖过梁高度不小于 ＿＿＿ 皮砖且不小于门窗洞口宽度的 1/4.

许指教!

返回上层　结束

填空题示例

填空题答案

1. 块材墙、板筑墙、板材墙
2. 240mm×115mm×53mm
3. 水泥砂浆、石灰砂浆、混合砂浆, 水泥砂浆, 混合砂浆
4. 横墙承重、纵墙承重、纵横墙承重
5. 600～1000mm、150～200mm
6. 两道水平防潮层、一道垂直防潮层
7. 钢筋混凝土过梁、钢筋砖过梁、砖过梁
8. 墙厚、120r/ml、C15
9. 伸缩缝、沉降缝、防震缝
10. 块材隔墙、骨架隔墙、板材隔墙
11. 抹灰类、贴面类、涂料类、裱糊类、铺钉类
12. 普通抹灰、中级抹灰、高级抹灰
13. 有机涂料、无机涂料
14. 围护
15. 钢筋砖
16. 240
17. 5
18. 180mm或240mm
19. 实体墙、空体墙、组合墙
20. 3%
21. 90mm、60mm

许指教!

返回上层　结束

填空题答案示例

简 答 题

1. 简述水磨石地面的构造要点。
2. 地板按构造形式不同分为哪几种?各自的特点、适用范围?
3. 举例说明吊顶棚中吊筋的固定方法。
4. 楼地层的作用是什么?设计楼(地)面有何要求?
5. 现浇钢筋混凝土楼板有哪些类型?有什么特点?适用范围是什么?
6. 楼地层各由哪些构造层次组成?各层次的作用是什么?
7. 楼地层的要求有哪些?
8. 预制钢筋混凝土楼板的特点是什么?常用的板型有哪几种?
9. 现浇钢筋混凝土肋梁板中各构件的构造尺寸范围是什么?
10. 简述实铺木地面的构造要点。
11. 装配式钢筋混凝土楼板有哪些类型?
12. 装配式钢筋混凝土楼板的支承梁有哪些形式?采用何种形式可以减少结构高度?
13. 装配式楼板的接缝形式有哪些?缝隙如何处理?
14. 排预制板时，板与房间的尺寸出现差额如何处理?
15. 楼板在墙上与梁上的支承长度如何?
16. 什么叫装配整体式楼面?什么叫叠合楼板?
17. 楼地面分为哪几类?哪些地面是整体式地面，哪些地面是块料地面?
18. 水泥地面与水磨石地面的构造如何?
19. 水磨石地面的分格作用是什么?分格材料有哪些?
20. 说明提高楼地面的隔声能力的措施有哪些?
21. 阳台的类型如何?阳台的设计要求有哪些?
22. 阳台按结构形式分为几类?
23. 阳台栏杆或栏板有哪些构造要求?与阳台地面如何连接?
24. 雨篷的构造要点是什么?
25. 如何处理阳台、雨篷的排水与防水?

简答题示例

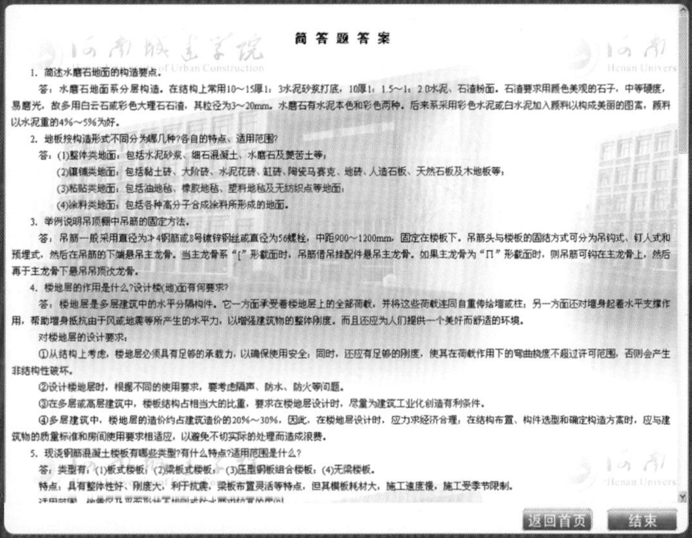

简 答 题 答 案

1. 简述水磨石地面的构造要点。

答：水磨石地面系分层构造。在结构上常用10～15厚1：3水泥砂浆打底，10厚1：1.5～1：2.0水泥、石渣粉面。石渣要求用颜色美观的石子，中等硬度，易磨光，故多用白云石或彩色大理石石渣，其粒径为3～20mm。水磨石有水泥本色和彩色两种。后来系采用彩色水泥或白水泥加入颜料以构成美丽的图案，颜料以水泥重的4%～5%为好。

2. 地板按构造形式不同分为哪几种?各自的特点、适用范围?

答：(1)整体类地面：包括水泥砂浆、细石混凝土、水磨石及菱苦土等；

(2)镶铺类地面：包括黏土砖、大阶砖、水泥花砖、缸砖、陶瓷马赛克、地砖、人造石板、天然石板及木地板等；

(3)粘贴类地面：包括油地毡、橡胶地毡、塑料地毡及无纺织点等地面；

(4)涂料类地面：包括各种高分子合成涂料所形成的地面。

3. 举例说明吊顶棚中吊筋的固定方法。

答：吊筋一般采用直径为φ4钢筋或8号镀锌钢丝或直径为56螺栓，中距900～1200mm，固定在楼板下。吊筋头与楼板的固结方式可分为吊钩式、钉人式和预埋式，然后在吊筋的下端悬吊主龙骨。当主龙骨系“[”形截面时，吊筋借吊挂配件悬吊主龙骨。如果主龙骨为“Π”形截面时，则吊筋可钩在主龙骨上，然后再于主龙骨下悬吊吊顶次龙骨。

4. 楼地层的作用是什么?设计楼(地)面有何要求?

答：楼地层是多层建筑中的水平分隔构件。它一方面承受着楼地层上的全部荷载，并将这些荷载连同自重传给墙或柱；另一方面还对墙身起着水平支撑作用，帮助墙身抵抗由于风或地震等所产生的水平力，以增强建筑物的整体刚度。而且还应为人们提供一个美好而舒适的环境。

对楼地层的设计要求：

①从结构上考虑，楼地层必须具有足够的承载力，以确保使用安全；同时，还应有足够的刚度，使其在荷载作用下的弯曲挠度不超过许可范围，否则会产生非结构性破坏。

②设计楼地层时，根据不同的使用要求，要考虑隔声、防水、防火等问题。

③在多层或高层建筑中，楼板结构占相当大的比重，要求在楼地层设计时，尽量为建筑工业化创造有利条件。

④多层建筑中，楼地层的造价约占建筑造价的20%～30%，因此，在楼地层设计时，应力求经济合理；在结构布置、构件选型和确定构造方案时，应与建筑物的质量标准和房间使用要求相适应，以避免不切实际的处理而造成浪费。

5. 现浇钢筋混凝土楼板有哪些类型?有什么特点?适用范围是什么?

答：类型有：(1)板式楼板；(2)梁板式楼板；(3)压型钢板组合楼板；(4)无梁楼板。

特点：具有整体性好、刚度大，利于抗震，梁板布置灵活等特点，但其模板耗材大，施工速度慢，施工受季节限制。

简答题答案示例

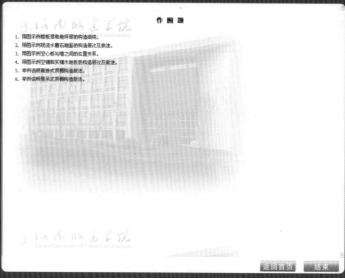

作图题示例

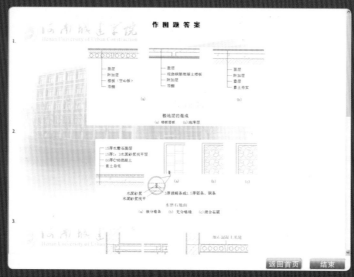

作图题答案示例

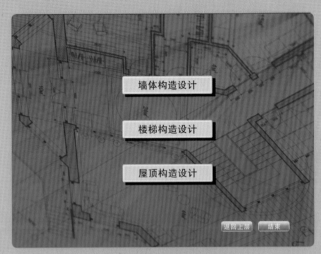

"建筑构造设计题目"目录

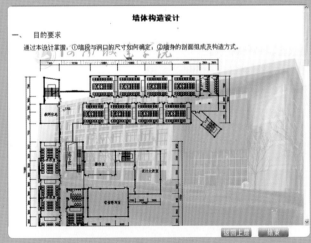

墙体构造设计题目

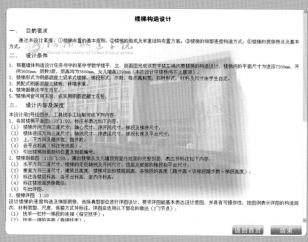

楼梯构造设计题目

"立体化教学资源"子目录

"动画演示"目录

一顺一丁砌式——240砖墙的动画演示

石材墙面装修的动画演示

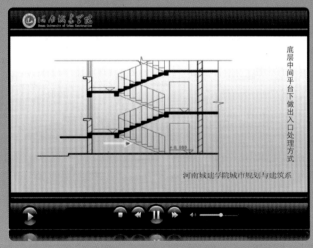

底层中间平台做出入口的动画演示

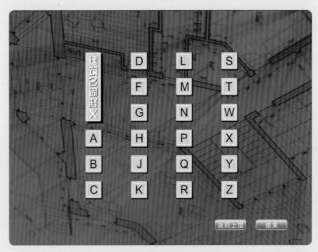

"建筑名词释义"目录

A

安全出口 Emergency exit

凡符合《建筑设计防火规范》的疏散楼梯或直通室外地平面的门。

安全门 Emergency exit，Safety exit

是便于人们在紧急情况下疏散用的门。门向外开启并直通室外或其他安全地方。不设门槛，并宜装置自动门闩。其宽度与数量应符合有关建筑规范和防火规范的要求。常设置在公共场所（如剧院、电影院、会堂）或具有危险性作业的建筑物内（如有可能发生爆炸，燃烧毒害等的实验室和厂房）。

安全疏散 Evacuation

在发生火灾或其他灾害的危险情况下，建筑物内的人员独立地或由营救人员帮助和诱导，通过疏散入口到疏散楼梯或安全出口向建筑物室外有组织的安全撤离。

安全疏散距离 Maximum safety distance

根据各类建筑物的不同使用性质和疏散条件条件，所规定的从建筑物任何一个部位的房门口起，通过疏散走廊抵达任何一个疏散楼梯等安全出口的最大限度允许距离。

暗部楼梯 Hidden steps stair

踏步镶嵌于楼梯斜梁间，从楼梯侧立面观之，踏步端头不露明的楼梯。栏杆或栏板立于楼梯斜梁上，造型厚实感强，楼梯底面比较平坦，容易清洁。

凹凸缝 Tongued and grooved joint

又称企口缝。两块木板的相对侧面对应开成凹形槽口和凸形榫舌的拼接。可使两块木板拼合紧密，并能防止木板弯翘。

名词释义内容

参考文献

[1] 李必瑜. 建筑构造（上册）（第四版）[M]. 北京：中国建筑工业出版社，2008.

[2] 刘建荣. 建筑构造（下册）（第四版）[M]. 北京：中国建筑工业出版社，2008.

[3] 李必瑜，王雪松. 房屋建筑学（第三版）[M]. 武汉：武汉理工大学出版社，2008.

[4] 杨维菊. 建筑构造设计（上册）[M]. 北京：中国建筑工业出版社，2005.

[5] 颜宏亮. 建筑构造设计 [M]. 上海：同济大学出版社，1999.

[6] 樊振和. 建筑构造原理与设计（第二版）[M]. 天津：天津大学出版社，2006.

[7] 崔艳秋. 房屋建筑学课程设计指导（第二版）[M]. 北京：中国建筑工业出版社，2009.

[8] 同济大学、西安建筑科技大学、东南大学、重庆建筑大学编. 房屋建筑学（第三版）[M]. 北京：中国建筑工业出版社，
  1997.

[9] 刘建荣. 高层建筑设计与技术 [M]. 北京：中国建筑工业出版社 ,2005.

[10] 韩建新，刘广洁. 建筑装饰构造 [M]. 北京：中国建筑工业出版社 ,2004.

[11]（日）彰国社. 国外建筑设计详图图集 (13) [M]. 北京：中国建筑工业出版社 ,2004.

[12] 舒秋华. 房屋建筑学 [M]. 武汉：武汉理工大学出版社，2008.

[13] 张文忠. 公共建筑设计原理 [M]. 北京：中国建筑工业出版社，2001.

[14] 李国豪. 中国土木建筑百科辞典 [M]. 北京：中国建筑工业出版社，2006.

[15] 陈保胜. 建筑构造资料集（上、下册）[M]. 北京：中国建筑工业出版社，1994.

[16] 中国建筑标准设计研究院. 建筑标准图集 [S]. 北京：中国计划出版社，2008.

后 记

　　本教学光盘运用传统教学方法与现代多媒体技术相结合，使教与学达到直接交互和无障碍的沟通，较好地实现了学生自学的主动性和积极思维的创新性。

　　本教学光盘吸取了多种软件的优点，使其操作简便。限于编者水平有限，在教学光盘中可能尚有不少疏漏、错误和不妥之处，真诚希望广大读者和同行批评指正。

编者